古代天文历法

◎ 主编 金开诚

◎ 编著 王忠强

吉林出版集团有限责任公司
吉林文史出版社

图书在版编目（CIP）数据

古代天文历法 / 王忠强编著. -- 长春：

吉林出版集团有限责任公司：吉林文史出版社,2010.11 (2023.4重印)

ISBN 978-7-5463-4118-7

Ⅰ.①古… Ⅱ.①王… Ⅲ.①古历法－基本知识－中
国 Ⅳ.①P194.3

中国版本图书馆CIP数据核字(2010)第222269号

古代天文历法

GUDAI TIANWEN LIFA

主编/ 金开诚 编著/王忠强

项目负责/崔博华 责任编辑/崔博华 梁丹丹

责任校对/梁丹丹 装帧设计/李岩冰 董晓丽

出版发行/吉林出版集团有限责任公司 吉林文史出版社

地址/长春市福祉大路5788号 邮编/130000

印刷/天津市天玺印务有限公司

版次/2010年11月第1版 2023年4月第5次印刷

开本/660mm×915mm 1/16

印张/9 字数/30千

书号/ISBN 978-7-5463-4118-7

定价/34.80元

前　言

　　文化是一种社会现象，是人类物质文明和精神文明有机融合的产物；同时又是一种历史现象，是社会的历史沉积。当今世界，随着经济全球化进程的加快，人们也越来越重视本民族的文化。我们只有加强对本民族文化的继承和创新，才能更好地弘扬民族精神，增强民族凝聚力。历史经验告诉我们，任何一个民族要想屹立于世界民族之林，必须具有自尊、自信、自强的民族意识。文化是维系一个民族生存和发展的强大动力。一个民族的存在依赖文化，文化的解体就是一个民族的消亡。

　　随着我国综合国力的日益强大，广大民众对重塑民族自尊心和自豪感的愿望日益迫切。作为民族大家庭中的一员，将源远流长、博大精深的中国文化继承并传播给广大群众，特别是青年一代，是我们出版人义不容辞的责任。

　　本套丛书是由吉林文史出版社和吉林出版集团有限责任公司组织国内知名专家学者编写的一套旨在传播中华五千年优秀传统文化，提高全民文化修养的大型知识读本。该书在深入挖掘和整理中华优秀传统文化成果的同时，结合社会发展，注入了时代精神。书中优美生动的文字、简明通俗的语言、图文并茂的形式，把中国文化中的物态文化、制度文化、行为文化、精神文化等知识要点全面展示给读者。点点滴滴的文化知识仿佛颗颗繁星，组成了灿烂辉煌的中国文化的天穹。

　　希望本书能为弘扬中华五千年优秀传统文化、增强各民族团结、构建社会主义和谐社会尽一份绵薄之力，也坚信我们的中华民族一定能够早日实现伟大复兴！

目录

一、古人眼中的天地

古老的中国天文学从萌芽至今已有五千多年的历史，它在我国的历史和文化中占有极其重要的地位。从古人仰头望天那一刻开始，无论是从天象的观测到宇宙起源的探讨，还是从星象的占卜到历法的推算，都凝结了中国古代人民辛勤的汗水。在漫长的岁月中沉淀下来的是中国古代天文学令世人瞩目的辉煌成就，为后人留下了极为宝贵的天象记录史料。

中国有世界上最早的太阳黑子记录、最早的日月食记录、最早的彗星记录等等。在历法方面，自秦汉以来，中国出现了一百余种古历，实属世界罕见。让我们在历史的长河中向前追溯，去探寻古代天文历法的奥秘。

1942年，考古人员在位于湖南长沙的一座战国时代的楚国墓葬中发现了一本

真正的"天书"。那是一本写在丝帛上的图书，帛书以伏羲、女娲等十一位古史传说中的神人为线索，详细描述了天地的形成与演变的过程，讲述了一段关于宇宙起源的优美而又生动的神话故事。虽然人类不可能目睹宇宙以及各种天体的诞生，但却对此进行了许多猜测，形成了风格迥异的思想和学说。

（一）宇宙学说

1.盖天说

盖天说是中国最古老的宇宙学说，一般将其起源和发展的过程分为两个阶段，称为"第一盖天说"和"第二盖天说"。

"第一盖天说"即"天圆地方说"，它认为：天是圆的，像一顶华盖；地是方的，像一块棋盘。天空是倾斜的，它的中心"天极"位于人的北面，这个极就像是西瓜的蒂，铁锅的脐。大地静止不动，天穹围绕着"天极"向左旋转，太阳和月亮就像是锅盖上的蚂蚁，虽然它们在不停地向右行，但同时也不得不随天向左行。空间里充满了阴气和阳气，但是阴气浑浊，人的目光无法穿透。

由于先民的活动范围不断扩大，他们越来越不相信"天圆地方"的说法，并且天圆和地方，上下也不能弥合。这些都是"第一盖天说"站不住脚的地方。

"第二盖天说"即"周髀说"，它以《周髀算经》为基础文献来解释天地结构和天体运行，并进行了定量的描述和计算。第二盖天说根据圭表测量其影子得出结果，再利用勾股定理推算出：天与地相距8万里。夏至日时，没有影表处离地理北极11.9万里。冬至日时，没有影表处离地理北极23.8万里。中国和地理北极之间的距离则是10.3万里。第二盖天说还认为太阳光的照射范围是有限的，它照射范围的半径仅有16.7万里。盖天宇宙是一个有限的宇宙，天与地为两个平行的平面大圆形，两个圆平面的直径都为81万里——即冬至日时没有影表处离地理北极的距离与太阳光的照射范围半径之和的二倍。

随着历史的发展，人们对第二盖天说的天地结构提出了许多疑问。例如，盖天说认为太阳绕着天中北极旋转，既没有上升也没有下落，而日出、日落只是由

于太阳进入和离开可观测范围时所显现的现象。对此，晋代葛洪提出了疑问：既然太阳绕到北极之北就看不见了，那么为什么恒星绕到北极以北还能看得见呢？

这些问题的提出，迫使古人去探索更能有效解释天体运行规律的宇宙学说。于是在汉代出现的浑天说逐渐取代了盖天说。

2.浑天说

与盖天说相比，浑天说的地位要高

得多，它是中国古代占统治地位的主流学说。《开元占经》卷一中的《张衡浑仪注》中记载：

"浑天如鸡子。天体（意为'天的形体'）圆如弹丸，地如鸡子中黄，孤居于内。天大而地小。天表里有水，天之包地，犹壳之裹黄。天地各乘气而立，载水而浮。"

大体上是说：天是一个球壳，天包着地，像蛋壳包着蛋黄。天外是气体，天内有水，地漂浮在水上。这是张衡形象地用鸡蛋的结构来比喻天地的关系。浑天说的进步之处，在于其所想象的天球结构，几乎与现代球面天文学中的天球完全一样。浑天说利用天球的旋转来解释一年中昼夜的长短和太阳出入方向的变化。赤道垂直于南北极轴，居于两极中间，黄道是太阳周年运动的运行轨道。黄赤道的交点即春秋分点。浑天说证实，太阳在夏至的周日运行轨道平行赤道面北24度，所以太阳从东北升，至西北落，并且昼长夜短；冬至日在赤道南24度，所以太阳从东南升，至西南落，并且昼短夜长；到春秋分时，太阳的周日运行轨道正在赤道上，因此昼夜平分，太阳正东升起，正西落下。这些都说明人们对盖天说的质疑在浑天说中得到了正确的解答。

张衡的浑天说已认识到"宇之表无极，宙之端无穷"，天地之外还有天地，宇宙是无限的。已知的天地和天球之外

未知的天地，组成了一个无限大的宇宙。这在一定程度上达到了现代科学的认识水平，体现了我国古代人民的聪明智慧。后来浑天说统治中国天文学思想达2000年之久，直到明末欧洲天文学知识进入中国才开始改变。

3.宣夜说

对宣夜说进行系统总结和表述的是郗萌，他是与张衡同一时代的天文学

家。宣夜说认为，天是无色无质、无形无体、无边无际的广袤空间，是一片虚空，人肉眼所见的蓝天，只是由视觉上的错觉造成的，实际上"青非真色，而黑非有体也"。宣夜说还认为，日月五星的运动"或顺或逆，伏见无常""迟疾任性"，"日月众星，自然浮生虚空之中，其行其止，皆须气焉"，即日月众星浮于虚空中，自由自在地运行着。认为天体在广袤无边的空间中的分布与运动是随其自然的，并不受想象中的天壳的约束，它们在气的作用下悬浮不动或运动不息。宣夜说既否定了天壳的存在，又描绘了一幅天体在无限空间中自然分布和运动的图景，比其他学说更接近宇宙的原貌。但该学说没有对天体运动规律的进一步说明，只是停留在思辨性论述的水平上，并且也夸大了天体的自由运行，这些局限性导致其没有被广泛认同并传播。

（二）天学思想

以上的几种说法，在今天看来都是从客观物理性质方面对宇宙问题的讨论。现在我们谈到中国古代先民宇宙观中一个极为重要的方面——天人合一的宇宙观。这里"天"指的是整个自然界。因为在古代人心目中，天并非是近代科学中所认为的无意志、无情感的客观实体，而是一个有思想、有感情、无法彻底认识，只能顺应其道、与之和睦共处的巨

大而神秘的活物——人，也是其中的一部
分。

1.天人合一与天人感应

天人合一是古代天学思想的核心。天
人合一思想在中国古代大致表现为天地
相通和天地对应两个不同的方面。

天地相通是一个非常古老的观念。
《山海经·大荒西经》《国语·楚语下》
《史记·历书》及《史记·太史公自序》都
记载过：

"皇帝哀矜庶戮之不辜，报虐以威，
遏绝苗民，无世在下。乃命重、黎，绝地
天通，罔有降格。"

大意是：少皞氏之时，人神混居，巫术盛行，祭祀制度混乱，致使地上不长谷物，无物供奉神灵，这在古人看来是非常严重的事情。所以颛顼氏称帝之后，命令重、黎断绝了天和地间的沟通，使神自为神，民自为民，互不侵犯、骚扰。

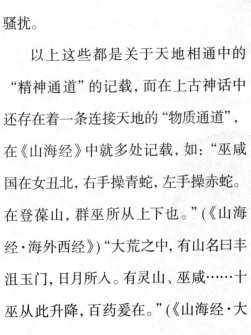

以上这些都是关于天地相通中的"精神通道"的记载，而在上古神话中还存在着一条连接天地的"物质通道"，在《山海经》中就多处记载，如："巫咸国在女丑北，右手操青蛇，左手操赤蛇。在登葆山，群巫所从上下也。"（《山海经·海外西经》）"大荒之中，有山名曰丰沮玉门，日月所入。有灵山、巫咸……十巫从此升降，百药爰在。"（《山海经·大荒西经》）

而关于通天途径最典型、详尽的描

述见于《淮南子·坠形训》，即中国神话中著名的神山——昆仑山：

"昆仑之邱，或上倍之，是谓凉风之山，登之而不死；或上倍之，是谓悬圃，登之乃灵，能使风雨；或上倍之，乃维上天，登之乃神，是谓太帝之居。"

总之，古代中国人相信：天和地是相通的，在上古的时候人也可以登天，还可以通过巫与天沟通。

天人合一的思想还体现在天地对应，即将天上与人间对应起来的做法。

其中表现最为明显的是对天上星官的命名。如《步天歌》中关于紫微垣的描述为：

"中元北极紫微宫，北极五星在其中。大帝之座第二珠，第三之星庶子居，第一号曰为太子，四为后宫五天枢。左右四星是四辅，天一太一当门户。左枢右枢夹南门，两面营卫一十五。上宰少尉两相对，少宰上辅次少辅。上卫少卫次上丞，后门东边大赞府。门西唤作一少丞，以次却向前门数。阴德门里两黄聚，尚书以次其位五。女史柱史各一户，御女四星五天柱。大理两星阴德边，勾陈尾指北极颠……"

这段文字看起来像是一份古代职官表。紫微垣位于北极附近，也就是天的中央，是天帝的居所，对应的是人间的帝王之宫，这显然是将人间朝廷和后宫的一整套体系都移到了天上。当然，古人不是将天地作简单的对应，而是依据占星学的规则将天象变化和人间大事作对应。

之前我们介绍过"天"在古代中国人的心目中是一个有思想、有感情的活物，那么中国先民是怎样做到顺应天道、与天和睦共处的呢？这就涉及了天人感应的思想。

天人感应思想可分为两个方面：天命观和祈禳规则。天命观是理论基础，祈禳规则是具体的操作手段。天命的观念是古代儒家思想的重要组成部分，其认为天命可知，天命可变，天命归于有德者。

《论语·季氏》中有言：

"君子有三畏：畏天命，畏大人，畏圣人之言。小人不知天命而不畏也，狎大人，侮圣人之言。"

孔子将天命置于君子三畏之首，可见天命的重要性。儒家思想统治中国2000多年，其天命观也为历代帝王所笃信、遵奉。其中也

有很多借天命做幌子来满足自身欲望的人。如凡是反叛或者革命要推翻前朝的人都要编出几个传奇的故事，用以表明自己是天命所归的真命天子。陈胜置书于鱼腹，上写"大楚兴，陈胜王"；《史记》记述汉高祖刘邦之母："梦与神遇，……见蛟龙于其上，已而有身，遂产高祖。"他们这种做法都证明了天命观念在古代早已深入人心。

那么天命又如何昭示天下呢？《易》曰："天垂象，见吉凶。"就是说，天命的昭示是通过天象变化来向人间传达天命预示的吉凶。古代的天文学家把对天象的占验结果告知帝王，并建议采取何种应变措施。

《史记·天官书》中说："日变修德，月变省刑，星变结和。……太上修德，其次修政，其次修救，其次修禳，正下无之。"就是说对付不同的天象变化有不同的办法，修德是最高境界，而省刑、结和、修政、修救、修禳等，也都是应付天变不可缺少的重要手段。古人认为出现各种天象变化的原因是因为政治有所失，作为国君，如果能思考自身在管理国家过程中的过失和错误并且改正，那么自然能够消除祸根，否极泰来。而修救、修禳的措施也没有偏废，比如对待日食，就要举行盛大的救护仪式。禳救活动中帝王本人也要参加，一般要采取避正殿、穿素服、撤乐、减膳等措施。应对其他天象变化时也各有不同的禳救措施。

2."为政顺乎四时"

为政要顺乎四时，这也是中国古代的基本天学思想之一。中国古代天学带有浓厚的政治色彩，也与这种思想根源有关。

顺四时具体来说指天子的政治活动安排要顺乎四时，也就是顺应四季的变化。《礼记·月令》中有关于天子按照四时安排重大事务的标准日程表：

孟春："立春之日天子亲率三公九卿诸侯大夫以迎春于东郊。""天子乃以元日祈谷于上帝。"

仲春："玄鸟至，至之日，以太牢祀于高禖，天子亲往。""天子乃鲜羔开冰，先荐寝庙。上丁命乐正习舞、释菜，天子乃率三公九卿诸侯大夫亲往视之。"

季春："天子乃荐鞠衣于先帝。""择吉日大合乐，天子乃率三公九卿诸侯大夫亲往视之。"

这是春天三个月的情况，以下还有孟

夏、仲夏、季夏、孟秋、仲秋、季秋、孟冬、仲冬、季冬等各月的详细事务安排。

　　古代帝王在安排重大事务时必须顺应四时的变化，春夏秋冬各行其是，如同典章制度不能随意更改。同时，这种"为政顺乎四时"还有更为广泛的意义。如董仲舒《春秋繁露》中所言：

　　"天之道，春暖以生，夏暑以养，秋清以杀，冬寒以藏……圣人副天之所行以为政，故以庆副，暖而当春；以赏副，暑而当夏；以罚副，清而当秋；以刑副，寒而当冬。庆赏罚刑，异事而同功，皆王者之所以成德也。"

　　庆赏罚刑为天子四政，与春夏秋冬四时相应相符，千万不可颠倒，颠倒就会遭到天罚。

　　汉代以后，根据"为政顺乎四时"之义，有些政令甚至被写入法律。如《唐律疏议》卷三十规定：

　　"诸立春以后、秋分以前决死刑者，

徒一年；其所犯虽不待时，若于断屠月及禁杀日而决者，各杖六十；待时而违者，加二等。"

就是说，立春以后、秋分以前不得判决死刑，违反此规定的司法人员要被判一年徒刑；如果案犯的罪重，不能按上述规定时间处决的，也不能在断屠月和禁杀日判决。诸如此类的规定，都是"为政顺乎四时"的具体表现和反映。

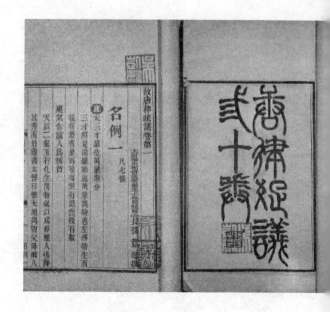

二、奇异神秘的天象

变幻莫测的天空从古至今都使人捉摸不定，而古代的先民更想通过对奇异天象的观测了解万事万物的变化和发展，因而，无论是如天女散花般的流星雨，还是拖着长尾巴的彗星，甚至是太阳表面出现的斑斑黑迹，都能成为古人研究和探求的对象。对于这些特殊的天象，我们的祖先十分重视观测。我国史籍中保留了对日月食、太阳黑子、极光、流星、新星、超新星等极为详尽、系统、丰富的观测记录，这些史料随着时间的推移愈发显现出它的珍贵价值，对现今文学的发展起到了重要的促进作用。

（一）日食和月食

日食分三种，即日全食、日环食和日偏食。日食是一种非常显著的天象变化。中国有古代世界上最完整的日食记录。《尚书·胤征》篇"乃季秋月朔，辰弗集于房，瞽奏鼓，啬夫驰，庶人走"的记录

被认为是中国历史上最早的日食记录。中国古代史料关于日食的记录总计共有一千六百余次之多，是中国古代天文学遗产的重要组成部分。

中国古代传说日食是"天狗"把太阳吃掉了。因而，每当日食发生时，人们总是惊恐万状，纷纷鸣锣击鼓，呐喊狂呼，胁迫"天狗"吐出太阳。传说中国最早的天文官叫羲和，他因为喝得烂醉，没有预报日食，并且在日食发生时，没有去营救太阳，而被革职杀头。

月食分月全食和月偏食两种，其中月偏食不易引起人们注意。中国最早的月食记录见于殷墟甲骨卜辞，据考证有五条卜辞是可靠的月食记录，这五条记录都属于武丁时期，年代约在公元前13世纪初。历代史志对月食的记载是系统而完整的。《中国古代天象记录总集》载有古代月食记录一千一百多项。

那么为什么会发生日食和月食呢？

由于日、月、地都在不停地运动，三者成一条直线排列，月球在中间，月亮遮挡太阳，影子投在地球上就形成了日食；如果地球在中间，月亮从地球的影子中穿过就形成了月食。《南齐书·天文志》中记述了日、月食发生的亏起方位："日食皆从西，月食皆从东，无上下中央者。"就是说日食总是从西边缘开始逐渐向东，月食总是从东边缘开始逐渐向西，没有从正南正北或中央开始的。由于进行了长期的观测，所以这种记载是非常真实的。

日、月食的发生有一定的周期性。因

为太阳、地球和月亮三者的运动是有规律的，经过一段时间后，三者又大致回到了原先的相对位置，于是一个周期以前出现的日、月食又再次相继出现，我们称这种周期为交食周期。

（二）太阳黑子

传说远古的时候，有十个太阳生活栖息在东方汤谷一棵巨大无比的扶桑树上。他们由金乌背负着，轮流到人间巡行。但到了尧帝时，不知什么缘故，这十个太阳一起出现在天空中，炽热的日光使江河干涸，草木枯焦，人类也无法生存。于是尧帝命令神箭手后羿射日。当后羿奉命射下九个太阳时，只见一团团火球落下，三只脚的乌鸦也一只只坠落下来……这个神话告诉我们：太阳中有一只乌鸦，即黑色的鸟。日中鸟的神话在中国流传很广，1972

帝尧

年在长沙马王堆二号墓中，出土了一幅珍贵的彩绘帛画，上面画着一轮金色的太阳，中间站着一只乌鸦。日中鸟的神话，实际上是古人肉眼所见的太阳现象，就是太阳黑子。

太阳黑子是在太阳光球上出现的斑点，因而又叫"日斑"，这些斑点区域的温度低于其他区域的温度，所以显得暗些。世界公认的对太阳黑子的最早记录是在中国西汉河平元年(前28年)："三月乙未，日出黄，有黑气大如钱，居日中

黑子

现今世界公认的太阳黑子记事，是我国的《汉书·五行志》中记载的公

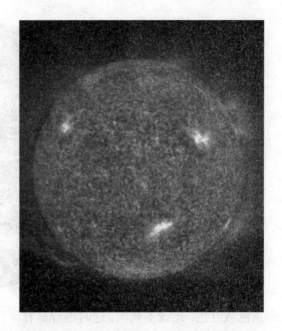

央。"(《汉书·五行志》)太阳黑子从产生到消亡有三种不同的形态，古人对黑子做了非常形象的描述，第一阶段是圆形黑子，"如钱""如环""如栗""如桃"；第二阶段为椭圆形黑子，"如枣""如瓜""如鸡卵""如鸭卵"；最后一阶段为不规则形黑子，"如人""如鸟""如飞燕"。

现在用望远镜观测几乎每天都可以看到黑子。可是在远古时代并没有望

远镜，古人如何能看到太阳黑子

呢？这大概由于中国古时各

朝代首都多在西北，那里

多黄土，风起则黄沙漫

天，日光暗淡，容易看

到黑子。史籍中用"日

赤无光"或"日无光"等

来形容当时的天空情况。在

日出和日落时往往能看到太阳呈

黄色或红色，光线不刺眼，这时也容易看

到黑子。古人在日出日落时对太阳举行的

祭祀，正是发现太阳黑子的好时机。

（三）彗星

　　彗星是除日食以外，最能引起古人

惊异的天象。中国古代对彗星有系统的

观测记录。《中国古代天象记录总集》记

录，中国古代有彗星记录一千余次。中国

古代的彗星记录最早见于《春秋》，鲁文

公十四年（前613年）秋七月，"有星孛入于北斗"。这也是关于著名的哈雷彗星的最早记录。中国古代对彗星的观察非常细致，并且根据彗星出现的方位和形状的不同将其命名。《开元占经》引石氏曰："凡彗星有四名：一名孛星；二名拂星；三名扫星；四名彗星，其形状不同。"

肉眼可见的明亮彗星通常是由彗核、彗发和彗尾三部分构成，彗核与彗发合起来又称为彗头，彗头之后拖着的就是长长的彗尾。彗星按自己的轨道运行，当它远离太阳的时候，其有一个暗而冷的

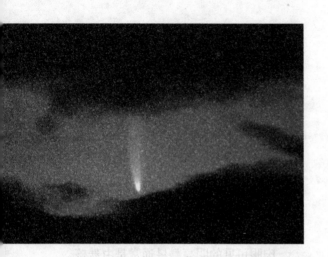

彗核，并无头尾之分。而当彗星接近太阳时，在太阳的作用下才会由彗头喷出物质，形成彗尾。长沙马王堆三号汉墓帛书中，绘有各种不同名称的彗星图像，且形态各异，其中一些图像比较真实地反映了彗尾的不同形状和特征，说明战国时期的人们已经注意到彗星的结构层次，对彗星的观测已经达到了比较精细的程度。

彗星的最大特征便是它的彗尾。彗尾形状不同且大小不一，有的像一条直线，有的像一弯新月，有的宛如一把展开的扇子。每颗彗星的彗尾数目也各不相同：少数彗星没有尾巴，大多数是一彗一尾，但也有不少彗星有两条或两条以上的彗尾。如唐天祐二年（905年）四月甲辰出现的彗星，尾长由三丈到六七丈，最后"光猛怒，其长竟天"。

（四）流星

在星际空间存在着大量的尘埃微粒和微小的固体块，它们在接近地球时由于地球引力的作用会使其轨道发生改变，因而能穿过地球大气层。由于这些微粒与地球相对运动速度很高，与大气分

子发生剧烈摩擦而燃烧发光，在夜间天空中形成一条光迹，这种现象就叫流星。流星包括单个流星（偶发流星）、火流星和流星雨三种。特别明亮的流星又称为火流星。造成流星现象的尘埃和固体小块称为流星体，所以流星和流星体是两个不同的概念。穿行在星际空间，数量众多，沿同一轨道绕太阳运行的大群流星体，称为流星群，其中石质的叫陨石，铁质的叫陨铁。

流星雨，是许多流星从夜空中的一点迸发出来，并坠落下来的特殊天象。这

一点或一小块天区叫做流星雨的辐射点。人们通常根据流星雨辐射点所在天区的星座给其命名。例如狮子座流星雨、猎户座流星雨、宝瓶座流星雨、英仙座流星雨等等。我国关于流星、流星雨的记载也早于其他国家，举世公认的最早、最详细的流星雨记录见于《左传》："鲁庄公七年夏四月辛卯夜，恒星不见，夜中星陨如雨。"鲁庄公七年也就是公元前687年，这也是世界上关于天琴座流星雨的最早记录。

（五）新星

古代天文学家发现，在某一星区，出现了一颗从来没有见过的明亮星星，但仅仅过了几个月甚至几天，又渐渐消失不见了。这种"奇特"的星星叫做新星或者超

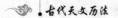

新星。

"新星"的名字来源于人们曾一度以为它们是刚刚诞生的恒星，所以取名叫"新星"。事实恰恰相反，它们并不是新生的星体，而是正走向衰亡的老年恒星。它们在大爆炸中，抛射掉自己大部分的质量，同时释放出巨大的能量。因此，光度在极短的时间内就有可能增加几十万倍，这样的星叫"新星"。如果恒星的爆发再猛烈些，它的光度甚至能增加几千万、几

亿万倍，这样的恒星就叫做"超新星"。而地球上的人类，因与爆发星区隔着极其遥远的距离，只是看到天空中突然出现一颗闪亮的新星。

新星和超新星的爆发是天体演化的重要环节。它是老年恒星过渡到新生恒星的新旧更替。超新星的爆发可能会引发无数颗恒星的诞生。另一方面，新星和超新星爆发的灰烬，也是形成别的天体的重要材料。例如，那些早已消失的恒星的残骸可能构成了今天我们地球上的许多物质元素。

三、星象和占星

当人们看见满天的繁星可以随着时间的流逝而行移，随着季节的变化而出没的时候，人们就已经开始了对星象的观测。后来古人逐渐意识到了这些天体对于确定时间和季节具有着特殊作用，并把观测的结果应用于生产和祭祀，这时天文学这门古老学科便诞生了。古代中国人认为天有一种神秘的、可以支配一切的力量，所以古代天文学的一个主要作用是通过占卜星象来预吉凶、测祸福、卜未来。那么古人是怎样认识星象的呢? 星象和人的命运之间存在着哪些关系? 带着这些问题去探索星象的起源, 或许可以获得令人满意的答案。

(一) 三垣二十八星宿

我国古代, 人们为了便于观察星象, 逐步地将天上的恒星分为若干组, 每组恒星被叫做"星官", 每个星官中所包含的星数不等, 少的有一两个, 多的达几十个, 星官所占的天区范围也各不相同。三

垣二十八星宿就是其中比较重要的星官，也是我国古代的星空区划系统，这种划分方法一直使用到近代，与现代所说的星座很像。

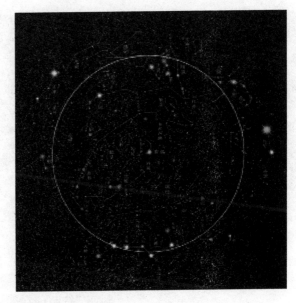

三垣是指环绕北天极和比较靠近头顶的天空星象，分紫微垣、太微垣和天市垣三个星空区，"垣"就是墙垣的意思，称之为"垣"是由于每个天区都有数量不等的星作为框架，把三个天区范围明显地划分出来，就像我们地面上的围墙一样。

紫微垣居于北天的正中央，又被称为中宫或紫微宫。它以北极为中枢，成屏藩形状，好像两弓相结合，环抱在一起。东藩八星，西藩七星，从南面起分别称为左枢和右枢，中间形状像闭门，称为阊阖

门。紫微垣共有三十七个星官，另有两个附座。按照现在的星座来说，紫微垣包括了天龙、猎犬、牧夫、小熊、大熊、武仙、仙王、仙后、英仙、鹿豹等星座。古代认为紫微宫是天神的正殿，是天帝居住和上朝的宫殿，给人以威严、神圣之感。紫微宫常常出现在文人的作品中，在《孙悟空大闹天宫》中的天宫就是紫微宫。

太微垣是三垣中的上垣，位于紫微垣的东北方，北斗的南方。它主要由十星组成，以五帝为中，成屏藩形状，大体上相当于室女、狮子和后发等星座的一部分。它包含二十个星官。太微是政府的意思，所以其中的星官也多以官名命名，如左执法即廷尉，右执法即御史大夫。东、西藩的星，则使用丞相、次丞相、上将军、次将军等名称。

天市垣是三垣中的下垣，位于紫微垣的东南方，北自七公，南至南海，东自巴蜀，西至吴越，下临房、心、尾、箕四宿。它有十九个星官，以二十二星组成，以帝座为中枢，成屏藩形状。天市即集贸市场。所以天市垣中一些星名用货物、器具、市场的名字来命名。如《晋书·天文志》所载，帝座右边的是"斛"四星和"斗"五星，"斛"是量固体用的，"斗"则是量液体用的。"列肆"二星则代表专营珠宝的市场，"车肆"则象征屠畜市场。

二十八星宿，又名二十八舍、二十八次或二十八星，"星"指星座或星官，而"宿""舍"与"次"则含有留宿的意思，它把南中天的恒星分为二十八个天区，在

古人看来，一段段天区也正如地球周围沿途分布的驿站一样。

古人为了农牧业生产的需要，很早就注意到，季节的变化和太阳所处的位置有密切关系。但是又难以做到直接测定太阳在天空中的位置，而星象在四季中出没时刻的变化，反映太阳在天空中的运动，所以古人想先测定星象的位置，再依此确定太阳的位置。在长期的观测过程中古人发现：满月时太阳与月亮的位置相差180度，而在朔日时，日月位置则恰好重合。古人根据这个规律，想出一个非常巧

妙的办法，即每月新月出现时，先规定它相对于某些星象的位置，然后再根据日月关系，推算出朔日时太阳在星空中的位置，这样也就知道了太阳的位置。

这就要求人们必须掌握月亮的运行规律。因为月亮相对于恒星，渐渐地由西向东运动，大约27.33天绕地球一周即一个恒星月。由于月亮大体上是沿着黄道运行的，所以古人就沿黄道、赤道自西向东把周天划分成二十八个大小不等的区域，每一区域叫做一宿，共二十八宿。而月亮正好每晚停留后，又回到初始的地方，所以又称为二十八舍或直接叫做月站。

　　和三垣的情况不同,二十八宿主要是为了区划星官的归属。在二十八宿中,每一宿都包含了不止一颗的恒星,为了精确测量天体坐标,从每宿中各选定一颗星作为标准,这颗星就叫做这个宿的距星。这样古人就可以根据二十八宿距星的位置来测定恒星的位置。

　　二十八星宿将沿黄道所分布的一圈星宿划分为四组,又称为四象、四兽、四维、四方神,每组各有七个星宿,从角宿开始,自西向东排列:

东方青龙七宿：角、亢、氐、房、心、尾、箕；

北方玄武七宿：斗、牛、女、虚、危、室、壁；

西方白虎七宿：奎、娄、胃、昴、毕、觜、参；

南方朱雀七宿：井、鬼、柳、星、张、翼、轸。

最初创设二十八宿，是为了判断季节。但随着天文学的发展，其作用也不断扩大。在古代，它在编制历法、划分二十四节气，乃至测算太阳、月亮、五大

行星、流星的位置等方面，都起到了极其重要的作用。

（二）四象

"四象"一词最先出自《易·系辞》，"太极生两仪，两仪生四象"，四象即太阳、太阴、少阴、少阳。但古代天文学中"四象"与《易》中的概念完全不同。它指二十八个星宿中东南西北各有七宿，每个七宿联系起来很像一种动物，合起来

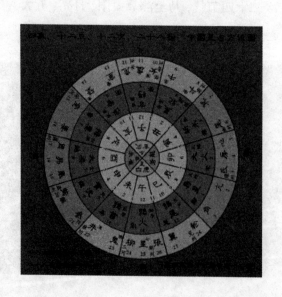

有四象。

例如，东方有角、亢、氐、房、心、尾、箕七宿，角像龙角，氐、房像龙身，尾像龙尾，把它们连起来像一条腾空飞跃的龙，因此古人称东方为"青龙"；南方的井、鬼、柳、星、张、翼、轸七宿连起来像一只展翅飞翔的鸟，柳为鸟嘴，星为鸟颈，张为嗉，翼为羽，因此先人称南方为"朱雀"；而北方的斗、牛、女、虚、危、室、壁七宿，像一只缓缓而行的龟，因位于北方称之为"玄"，因其身上有鳞甲，故称为"武"，合起来称为"玄武"；西方有奎、娄、胃、昴、毕、觜、参七宿，像一只跃步上前的老虎，称之为"白虎"。这四种动物的形象，称为"四象"，又称"四灵"，分别代表东南西北四个方向。

古人观测星象与今天有所不同，他们并不侧重于单颗星，而是更注重整体上由某些星组成的象，这些星最终被连接起来，形成各种常见的图案。因而天文最初的含义就是天象。所以四象虽然表面上是四组动物的形象，其实只是由众多星象构成的图像而已。

1.青龙

青龙原为古老神话中的东方之神，道教东方七宿星君、四象之一，为二十八宿中的东方七宿，其形像龙，位于东方，属木，色青，总称青龙，又名苍龙。《太上黄箓斋仪》卷四十四称其为"青龙东斗星君"："角宿天门星君，亢宿庭庭星君，氐宿天府星君，房宿天驷星君，心宿天王星君，尾宿天鸡星君，箕宿天律星君。"《道门通教必用集》卷七记载了它的形象："东方青龙，角亢之精，吐云郁气，喊雷发声,飞翔八极,周游四冥,来立吾左。"

2.朱雀

朱雀是古老神话中的南方之神,道教南方七宿星君、四象之一,为二十八宿的南方七宿,其形像鸟,属火,色赤,总称朱雀,又叫做"朱鸟"。《太上黄箓斋仪》称"南方朱雀星君"为:"井宿天井星君,鬼宿天匮星君,柳宿天厨星君,星宿天库星君,张宿天秤星君,翼宿天都星君,轸宿天街星君。"它的形象是:"南方朱雀,从禽之长,丹穴化生,碧雷流响,奇彩五色,神仪六象,来导吾前。"

3.玄武

玄武是古代神话中的北方之神,道教北方七宿星君、四象之一,为二十八宿的北方七宿,其形像龟,也有人认为是龟蛇合体,属水,色玄,总称"玄武"。《太上黄箓斋仪》中的记载是:"斗宿天庙星君,牛宿天机星君，女宿天女星君，虚宿天卿星君，危宿天钱星君，室宿天廪星君，壁宿天市星君。"它的形象是："北方玄武，太阴化生，虚危表质，龟蛇台形，盘游九地，统摄万灵，来从吾右。"

4.白虎

白虎是古老神话中的西方之神，道教西方七宿星君、四象之一，为二十八宿的西方七宿，其形像虎，位于西方，属金，色白，总称白虎。《太上黄箓斋仪》卷四十四称之为"白虎西斗星君"："奎宿天将星君，娄宿天狱星君，胃宿天仓星君，昴宿天目星君，毕宿天耳星君，觜宿天屏星君，参宿天水星君。"《道门通教必用集》卷七描述其形象为："西方白虎，上应觜宿，英英素质，肃肃清音，威摄禽兽，啸动山林，来立吾右。"

后来，四象在中国神话中逐渐演变。青龙和白虎在民间故事中降生为人间大将，生生世世互为仇敌，但一直

是白虎克青龙，它们最后演变成了道观门神。朱雀几乎在神话中消失了，只有玄武发展成了神话中的九天大神。

（三）占星

在东西方的远古时期，由于时代和人们认知水平的局限，普遍存在着对上天的崇拜，因此占星在天文学中占有很大的比重。与西方占星学相比，中国的占星学并不完全根据星座等来预测人的一生命运，它更侧重于把各种奇异天象看做是天对人间祸福吉凶发出的吉兆或警告。因此，中国的占星学多为统治者所利用，在中国古代，拥有沟通天地人神，即通天的能力，被认为是能够得到王权的象征，如皇帝自称天子，就是上天之子，可以直接与天沟通。而最直接的通天手段，就是占星学。

中国古代的占星学主要有两种类型，一类是"军国占星学"，即专以战争胜负、谷物收成、王朝兴衰等国家大事为占测对象的占星学；另一类则是"生辰占星学"，是根据个人生辰时的天象以占测其人一生的凶吉祸福的占星学。在中国古代，产生并发展运作了2000年以上的占星学体系，正是军国占星学。

古代占星学完全属于官府，是政府

设立的天文机构的重要工作内容。古代的天文学家绝大多数是占星家，早期的天文著作也大多带有占星学的因素。现存古代占星书主要有唐代李淳风的《乙巳占》、瞿昙悉达的《开元占经》，北宋王安石重修的《灵台秘苑》以及明代的《观象玩古》。实质上在古代中国的天文学中，占星学占据了最主要的地位，因此天文学的政治、文化功能，在很大程度上也就是占星学的政治、文化功能。

中国占星学诞生于黄帝之时，黄帝通过对天空的观察，在忠臣岐伯的帮助下，确定了阴阳、五行、十方和十二宫的完整体系。传说他在公元前2637年就确定了历法的开端，这种按照由月球确定的月份和重叠的年份周期建立起来的历法是非常准确的，因此一直有效。天宫图与生活的各个方面都密切相关。公元前3世纪，中国哲学家邹衍把这些学说应用到政治方面，断定朝代都受本原（火、土、风和水）的控制，政府应该听从神谕并与天体的规律保持一致，否则政权就会被推翻。

我国古代占星家利用天象变化来占卜人间的吉凶祸福，称作分野。我国古代占星学认为，地上各周郡邦国和天上一定的区域相对应，在该天区发生的天象预兆着各对应地方的吉凶，其所反映的分野大体

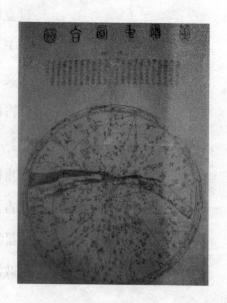

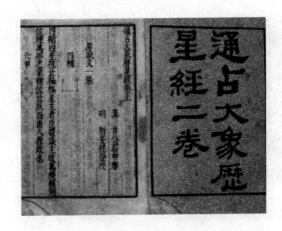

以十二星次为准。占星学中最基本的信念是"天垂象，见吉凶"——上天显现各种不同的天象以昭示人事的吉凶。但是天下之大，郡国州县繁多，天上出现的天象到底应该预示哪一个区域的吉凶呢？因此必须将天上星空区域与地上的国州地区建立起某种互相对应的法则。这种天地对应的法则称为分野理论。分野大约起源于春秋战国。最早见于《左传》《国语》等书。分野理论首先要确定对天区的划分。在中国古代占星学中，主要使用"三垣二十八宿"与"十二次"两套体系。与三垣二十八宿不同，十二次是对周天进

行均匀划分的。前者已在上一节详述，后者略述于此：

十二次常用十二地支来表示，但每一次又有自己的名称，对应如下：

寿星辰、大火卯、析木寅、星纪丑、玄枵子、娵訾亥、降娄戌、大梁酉、实沈申、鹑首未、鹑火午、鹑尾巳。

分野之说中，十二次与二十八宿对应的体系是主流，但还有一些其他体系。比如《乙巳占》卷三引《诗纬·推度灾》中的所谓"国次星野"。

鄘国：天汉之宿。

卫国：天宿斗衡。

王国：天宿箕斗。

郑国：天宿斗衡。

魏国：天宿牵牛。

唐国：天宿奎娄。

秦国：天宿白虎，气生玄武。

陈国：天宿大角。

邻国：天宿招摇。

曹国：天宿张弧。

又如《开元占经》卷六十四引《荆州占》有"正月周，二月徐，三月荆，四月郑，五月晋，六月卫，七月秦，八月宋，九月齐，十月鲁，十一月吴越，十二月燕赵"之说，称为"月所主国"，将月份与地区对

应。这些都是主流的分野之说。

分野的理论能够应用在占卜王朝的兴衰上，这对古人来说是很有用的。例如，殷人是《国语》中所记载的高辛氏的两个儿子中的阏伯的后裔。商纣王在位时出现五星聚于房的天象，这是更朝换代的大凶之兆，预示着殷商即将灭亡。而殷人的凶兆也就是周人兴起的吉兆，这五星聚于房，也就成为周取代商建立新王朝的预兆了。又如，刘邦至灞上，预示着秦当灭、刘汉当兴，因为秦建都在咸阳，以雍州之三秦为秦的基地，当天空出现五星聚于东井之时，东井的分野正是雍州秦国，这个大凶之兆正是预示着秦当亡、刘汉当兴。

占星对中国古代的国家大事的确定和执行有着重要的作用，现在的人们甚至难以想象其重要程度。如《汉书·赵充国传》中记载，汉宣帝神爵元年（前61年），老将赵充国受命攻打西羌，不久宣帝又为他增派援兵，催他尽快进对羌开战，诏书中说：

"今五星出东方，中国大利，蛮夷大败。太白出高，用兵深入敢战者吉，弗敢战者凶。将军急装，因天时，诛不义，万下必全，勿复有疑。"

中国古代一直信奉"国之大事，在祀与戎"，对外用兵，是一个国家最重要的大事之一，汉宣帝竟然用"五星出东方"和"太白出高"两天象为理由，命令将军出征。这在今天看来是一件很荒谬的事，但这对古人来说，出征是利用占星得

到的上天的指示和命令，如果不顺应天意的话就会遭受苦果。由此可见，占星在古代政治中的地位无可替代。

（四）行星

在广袤的天空中，群星闪耀。其中有五颗星显得十分特别，它们并不像恒星那样固定在星空中不动，而是在不断地移动，这几颗星也就是太阳系中的五大行星——水星、金星、火星、木星和土星。它们在天幕中异常明亮，很早就引起了古人的注意。《诗经》中就有"东有启明，西有长庚""明星有灿"等描写行星的优美诗句。实际上，行星本身一般不发光，它们是以表面反射太阳光而发亮的。在古代，人们对行星的认识还有哪些呢？这可以从对五大行星的命名中略知一二。

水星是五大行星中距离太阳最近的行星。我国一般将一周天分为十二辰，每辰是30度。在地球上用肉眼观测，水星总在太阳两边30度以内的范围摆动，所以人们把水星称为"辰星"。金星的命名源于它呈青白色，亮度大，十分耀眼，故称之为"太白"，有时在日出或黄昏时分仍然能够在天空中看见它，这种现象被称为"太

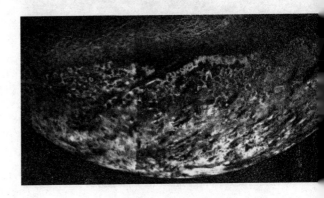

白昼见"。火星又叫"荧惑",源于它包红如火,像神火一样飘忽不定。火星离地球近,因而其运动显得十分迅速,光度变化大,运行的形态也是错综复杂。而木星自西向东在恒星间移动,运行一周天需十二年,因此可以用来纪岁,故被称为"岁星"。这五颗星移行一周天大约需要二十八年,每年在二十八星宿的不同位置出现,就像轮流坐镇或填充在二十八星宿中一样,所以又被称为"镇星"或"填星"。

我国早期对行星观测留下的史料并不多,这使我们对西汉以前行星观测的

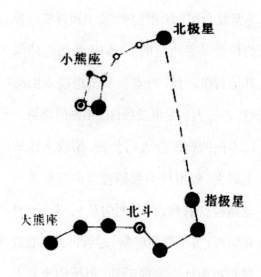

情况知之甚少。但1973年时，在湖南长沙马王堆三号汉墓中出土了一批很有价值的帛书，上面有六千字记述了五大行星的运动，人们将这本书命名为《五星占》，据考证它成书的年代至少在公元前170年以前。《五星占》中详细地记载了金、木、水、火、土等行星运行情况，特别是列举了从秦王嬴政元年（公元前246年）到汉文帝三年（公元前177年）的情况，具有很大的研究价值。

五大行星在恒星背景下的运动轨迹

非常复杂,这是由地球、太阳和行星三者
的位置关系决定的。我们生活的地球像
其他行星一样,沿着椭圆轨道绕太阳运
行。而五大行星也按照自己不同的轨道,
以不同的速度绕太阳公转,所以从地球
上看去,以恒星为参照背景的行星的运
动路径就有顺行(自西向东)、逆行(自
东向西)等不同的现象。尽管古人不能解
释行星为什么这样运动,但他们也并不
注重对行星运动规律的掌握。与此相比,
古人更重视对行星天象的观测。在中国
古代历法和一些重要的占星著作中,关于

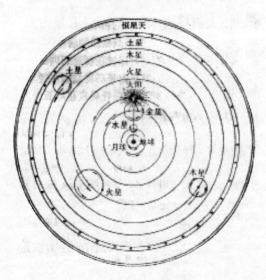

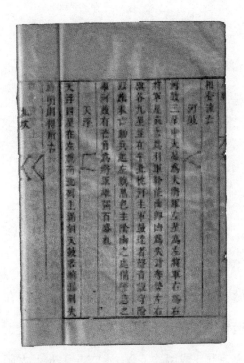

行星的内容总是占了很大篇幅。

行星的运动曲线虽然复杂多变，但只要坚持长期观测，就不难掌握其运动规律。人们为了描述行星运动时呈现的各种天象，使用了"入""出""顺""逆""留""合""伏""守""犯"等等术语。行星在恒星背景下运行一周，会形成一条封闭的曲线。这条曲线有三种特征的天象，分别叫

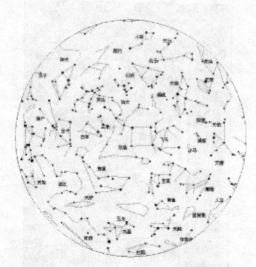

做"顺行""逆行"和"留"。并且行星在运行一周的过程中，总有一次（木、土、火三星）或两次（金、水二星）进入太阳的光芒中，这就是"伏"；在"伏"这个阶段中有一个时刻行星与太阳二者在黄经上处于相同的位置，这叫做"合"。中国古代历法将"合"作为一个行星运动周期的起点，两次"合"之间的时间间隔叫做一个会合周期。通过长期观测，古人使用求平均值的方法，求得了比较精确的行星会合周期。

四、古代历法

　　我们知道真正意义上的科学的计时方法都源于天文。古人们经过长期的精心观测后发现，不同天体在天空中的位置变化是有着各自的规律的，而天体在天空中的位置变化也意味着时间的变化。依据这一点人们第一次找到了确定时间的准确标志，通过观象授时活动，使得古代的计时制度一步步地发展了起来。

（一）历法的一些基本概念

　　中国古代的传统历法属于阴阳合历。
所谓阴阳合历，其实是一种兼顾太阳、月
亮与地球关系的历法。朔望月是月亮围
绕地球的运转周期，而回归年则是地球
围绕太阳的运转周期。由于回归年的长
度约为365.2422日，而十二个朔望月的长
度约为354.3672日，与回归年相差约10日

21时，所以同时需要设置闰月来调整二者的周期差。

中国古历的基本要素包括日、朔、气，下面简要介绍一下回归年、朔望月和二十四节气。

1.回归年

早在远古时代人们就发现，作物的枯荣、候鸟的迁徙无不与气候的凉暖变化有关。而这个凉暖变化的周期大约是365天，因此人们在"日"这个概念的基础上引用了"年"这个概念。而回归年就是

指太阳直射方向从北回归线到下一次再直射北回归线（或者从南回归线到下一次再直射南回归线）所经历的时间。天文学上严格的定义是太阳连续两次经过春分点（或秋分点）的时间间隔，称作回归年。根据天文观测结果，一个回归年的长度约为365.2422日，即365天5小时48分46秒。

2.朔望月

我们知道月亮围绕着地球终日不息地旋转，而且月亮本身并不发光，它只反射太阳光。对于地球上的观测者而言，随着太阳、月亮、地球三者相对位置的变化，在不同的日期里，月亮就会呈现出不同的形状，这就是月相，而这些月相经历了朔、上弦、望、下弦的演变周期。天文学上规定，从朔到朔，或从望到望的时间间隔称为"朔望月"，一个朔望月的平均长度约为29.5306日。

3.二十四节气

在我国有一首广为流传的歌诀：

春雨惊春清谷天，

夏满芒夏暑相连，

秋处露秋寒霜降，

冬雪雪冬小大寒。

这就是"二十四节气"歌诀。这一歌诀是人们为了记忆二十四节气的顺序，各取一字缀联而成的。下面我们具体谈谈这二十四节气。

二十四节气即立春、雨水、惊蛰、春分、清明、谷雨、立夏、小满、芒种、夏至、小暑、大暑、立秋、处暑、白露、秋分、寒露、霜降、立冬、小雪、大雪、冬至、小寒、大寒。

这二十四节气按顺序逢单的均为

"节气",通常简称为"节",逢双的则为"中气",简称为"气",合称为"节气"。二十四节气是根据地球绕太阳运行的360度轨道(黄道),以春分点为0点,以15度为间隔分为二十四等分点,每个等分点设一专名,含有气候变化、表征农事等意义。我们按照二十四节气的名称可以将其分为四类。第一类是表征四季变化的,有立春、春分、立夏、夏至、立秋、秋分、立冬、冬至;第二类是表征冷暖程度的,有小暑、大暑、处暑、小寒、大寒;第三类是表征降雨量多少的,有雨水、谷雨、白露、寒露、霜降、小雪、大雪;第四类是表征农事的,有惊蛰、清明、小满、芒种。

节气虽属阳历范畴,但是它与阴历系统中的朔望月配用是中国阴阳历的一大特点。

4.置闰和岁差

在中国的古代历法系统中还有一个重要的内容就是闰月的设置和岁差,下面也做简单介绍。

朔望月的平均值为29.5306日,比两个中气之间的间隔要短约一天。如果第一个月的望日正值中气,那么三十二个月后两者差值的累计将会超过一个月,因此会出现一个没有中气的月份,这个月份

使得本来属于这个月份的中气推移到了下一个月份，此后，其他月份的中气也将一一推移。这个月份一般出现在第十六个月前后。为了避免这种情况，古代的天文学家将这个月设为闰月。而农历的历年长度是以回归年为准的，但是一个回归年比十二个朔望月的日数多，比十三个朔望月短。为了协调这种矛盾，古代的天文学家采用十九年七闰的方法：在农历十九年

中, 有十二个平年, 每一平年十二个月; 有七个闰年, 每一闰年十三个月, 其中包含一个闰月。

所谓岁差是指太阳从某年的冬至点出发, 在黄道上运行至下一个冬至点时, 并没有走满360度, 其间有一个微小的差数, 这一段小小的差数被称为岁差。

晋代著名的天文学家虞喜把自己潜心观测中星的成果与前人的观测记录进行了比较, 发现冬至当日, 不同的时代黄昏时分出现于天空正南方的星宿有明显的差异，他正确地解释了这一现象。他认为这是由于太阳在冬至点连续不断地西退而引起的，他把这种每隔一岁、稍微有差值的现象叫做岁差。祖冲之在《大明历》中提出岁差值为每45年11个月退行一度。

（二）天干地支和生肖

干支起源于什么时候，现在还不能作出确切的回答，但是关于干支的记录以前就有了。在河南省安阳市的殷墟遗址中出土的殷墟甲骨卜辞中就载有大量用于纪日的干支记录，这说明干支的产生比殷商更早，或是同一时期。对此，这里不作较深入的探讨，更多地注重对于干支的介绍。

1.干支

干支是天干和地支的总称。天干共十个字，因此又称为"十天干"，其排列

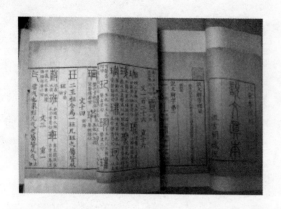

顺序为：甲、乙、丙、丁、戊、己、庚、辛、壬、癸；地支共十二个字，排列顺序为：子、丑、寅、卯、辰、巳、午、未、申、酉、戌、亥。同样按其顺序，天干中逢双，即甲、丙、戊、庚、壬为阳干；逢单，即乙、丁、己、辛、癸为阴干。地支中子、寅、辰、午、申、戌为阳支，丑、卯、巳、未、酉、亥为阴支。根据《史记·律书》《释名》和《说文解字》等书的释义，干支名称的含义分别是：

干者犹树之干也。

甲：草木破土而萌芽之时；

乙：草木初生，枝叶柔软屈曲之时；

丙：万物沐浴阳光之时；

丁：草木成长壮实之时；

戊：大地草木茂盛繁荣之时；

己：万物抑屈而起，有形可纪之时；

庚：秋收之时；

辛：万物更改，秀实新成之时；

壬：阳气潜伏地中，万物怀妊之时；

癸：万物闭藏，怀妊地下，撰然萌芽
之时。

支者犹树之枝也。

子：万物孳生之时；

丑：扭曲萌发之时；

寅：发芽生长之时；

卯：破土萌芽之时；

辰：万物舒伸之时；

巳：阳气旺盛之时；

午：阴阳交替之时；

未：尝新之时；

申：万物成体之时；

酉：万物成熟之时；

戌：万物衰败之时；

亥：万物收藏之时。

这些释义表明了天干是一年中十个时节的物候，地支则表示一年中植物生长发育的十二个时节。

以一个天干和一个地支相配，天干

在前，地支在后，天干由甲起，地支由子起，阳干对阳支，阴干对阴支，这样的组合共有六十对，可以不重复地记录六十年，六十年以后再从头循环，这样得到了一个以六十年为周期的甲子回圈，称为"六十甲子"。我们可以用这种方法来纪年，称为干支纪年法。

干支纪日的方法与干支纪年的方法一样，每天用一对干支表示，每六十天为一个周期，由甲子日开始，按顺序先后排列。

干支也用来纪月，但是纪法与纪年和纪日不同。首先每个月的地支固定不变，正月为寅，二月为卯，依顺序排列，十二月为丑。其次，天干在分配时要考虑当年的天干，其对应关系是：当年天干是甲或己时，正月的天干就是丙；当年天干是乙或庚时，正月的天干就是戊；当年天干是丙或辛时，正月的天干就是庚；当年天干是丁或壬时，正月的天干就是壬；当年天干是戊或癸时，正月的天干就是甲。有一首歌诀可以帮助我们记忆这个规律：

甲己之年丙作首，乙庚之岁戊为头；丙辛必定寻庚起，丁壬壬位顺行流；更有戊癸何方觅，甲寅之上好追求。

2.生肖

利用十二地支纪年、纪月、纪日固然方便，但是却不便于记忆，为了克服这个不便，人们创立了以鼠、牛、虎、兔、龙、蛇、马羊、猴、鸡、狗、猪这十二个具有实感的常见动物来代替十二地支，即十二生肖。

　　有关十二生肖的起源及其排列顺序的定型古代文献中都没有明确的记载。王充的《论衡·物势》中记载："寅，木也，其禽，虎也。戌，土也，其禽，犬也……午，马也。子，鼠也。酉，鸡也。卯，兔也……亥，豕也。未，羊也。丑，牛也……巳，蛇也。申，猴也。"这段文字中，十二生肖动物谈到了十一种，唯独缺了辰龙，而在该书的《言毒篇》中又有："辰为龙，巳为蛇。"这样十二生肖便齐了。这是古文献中关于生肖的较早的最完备的记载。而关于十二生肖最早的记载见于《诗经》，《诗经·小雅·吉日》里有"吉日庚午，即差我马"八个字，意思是庚午吉日时辰好，是骑马出猎的好日子，这里将午与马作了对应。可见在春秋前后，地支与十二种动物的对应关系就已经确立并流传。

（三）纪时制度

纪时制度是以某时间为起点将一昼夜划分为多少段的方法。中国古代为人们所熟悉的纪时制度是十二时辰制、漏刻制和五更制。在西汉中期以前，通用的是一种天色纪时法，即十六时制纪时法。

1.十六时制纪时法

古人主要依据天色将一昼夜划分为若干段。一般将日出时叫做旦、早、朝、晨，日入时叫做夕、暮、昏、晚，太阳正中叫中日，将近中日时叫隅日，太阳西斜叫做昃。古人一般是一日两餐，早餐在日出之后，隅中之前，这段时间叫食时或蚤时，晚餐在日昃之后，日入之前，这段时间叫晡时。人们以这些时刻为分界点，将一昼夜分为夜半、鸡鸣、晨时、平旦、日出、蚤食、食时、东中、日中、西中、晡时、下晡、日入、黄昏、夜食、入定。

2.十二时辰纪时法

春秋时期，人们开始将历法上的十二个月的名称应用在天文上，具体的设想是太阳每年在黄道上运行一周是十二个月，将黄道分为十二个天区，则每一个天区对应一个月。将太阳冬至所在的天区称为子，太阳十二月所在的天区称为丑，以后以此类推。地球的自转会引起太阳沿赤道自东向西的昼夜变化，古人设想将天赤道所在的方位也划分为十二个天区，北方为子位，南方为午位，东方为卯位，西方为酉位，那么太阳将一昼夜运行十二个方位后回到原位。于是产生了一昼夜

十二个时辰的概念，一个时辰对应太阳在天赤道的一个辰位。这十二个时辰排序为子、丑、寅、卯、辰、巳、午、未、申、酉、戌、亥，其中子时对应二十三点到凌晨一点，丑时对应凌晨一点到凌晨三点，以后以此类推。

随着科学技术的进一步发展，以十二时辰作为纪时制度的体制已经不能满足人们的要求了。故而人们开始寻求改进的方法，以便将其分得更细一些。最初人们将一个时辰一分为二，在十二时辰名中间插入甲、乙、丙、丁、庚、辛、壬、癸八个天干和艮、巽、坤、乾四个卦名，合计二十四个小时名。由于这些天干名称和卦名不便于记忆，也不如干支那么协调，唐代的时候，天文学家就采用了将每一个时辰分为初、正两个部分的方法。例如子初开始于二十三点，子正开始于零点,午初开始于十一点,午正开始于十二点。这样也就形成了中国古代的二十四时制。

3.漏刻纪时法

前面说了十二时制是依据太阳的方位来判断时间的,但是这对于普通百姓而言不易准确判断,故而人们又发明了用漏刻来计时的方法。

漏刻计时法将一昼夜分为100刻,夏至时白天60刻夜晚40刻,冬至时白天40刻夜晚60刻,春分、秋分昼夜平分各50

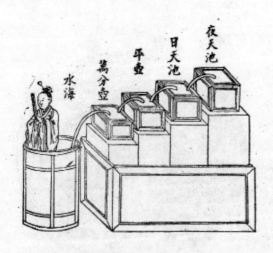

刻。漏刻计时法的使用方法是：白天开始时将漏壶装满水，在水面上放置一根漂浮的带刻度的箭，随着漏壶中水的下漏，箭便慢慢下沉，从漏壶口读出各个时刻箭上的刻数，这样就得到了具体的时间。当夜晚来临时，不管漏壶中的水是否漏尽，都要重新加满水起漏。通常将一根箭的刻数在中间做上标记，如此一分为二，在报时时称为：昼漏上水几刻，昼漏下水几刻；夜漏上水几刻，夜漏下水几刻。

4.更点制度

俗话说："一更人，二更锣，三更鬼，四更贼，五更鸡。"对于这句俗语我们并不陌生。古代的更点制度是用于夜间报时的。古人把一夜分为"五更"，因为夜间时刻随着季节而变化，所以每更每点的时间是不固定的，但是五更的起始时刻是黄昏，终止时刻是平旦，这是不变的。

（四）古代良历

自从有文字记载的历日起，在之后的三四千年时间里，中国一直采用自己独特的历法系统。中国古代历法涉及的内容比较多，不仅要推算和安排年、月、日，置闰，还要推算二十四节气，测量日夜长短的变化、正午日影的长度，此外还要计算日、月、五星的运动和位置，测定日、月食等等。据统计中国编算的历法约有一百余种，在此不可能一一叙述，仅介绍几部具有代表性的历法。

1.《太初历》

《太初历》是我国自有科学历法以来，第一部有完整资料的传世历法。秦始皇统一中国后采用古六历中的《颛顼历》，西汉王朝建立后，沿用了秦代的各项制度，历法也采用《颛顼历》，这种历法行用一百多年后误差渐渐变大，预报的朔日却能看见月亮，明显与天象不符。修改历法或者重新编纂历法迫在眉睫。

《太初历》规定以正月为岁首，解决了秦及汉初《颛顼历》将十月作为岁首与人们日常生活不协调的矛盾。首次引入了中国独创的二十四节气，并规定以无中气之月为闰月。在它以前的历法一般采用岁终置闰法，如十三月、后九月等，这种置闰的方法不便于推算季节。采用无中气置闰法后，可以将春分、夏至、秋分、冬至等中气固定在二、五、八、十一月，体现了历法直接为农业生产服务的精神。该历还第一次计算了日月交食周期，即日、月食发生的周期，发现135个朔望月中，有23个"食季"，每个食季中可能发生1—3次日食或月食。这些科学测算得到的结论相对于当时人们认为日、月食是灾害预兆来讲，是科学战胜迷信的开始。《太初历》的编纂推动了中国历法的发展，在编纂史上所占的地位也得到了世人的公认，是一部优秀的历法。

2.《大明历》

《大明历》是南北朝时期一部比较有影响的历法，它是由著名天文学家祖冲之创制的。祖冲之在认真研习前代历法的基础上，运用他坚实的数学功底，把所得的实测数据归算后，得出了前人未有的结论。《大明历》中有很多创新之处。第一，《大明历》首次将岁差引入了历法，使回归年（周岁）和恒星年（周天）得以区别开来。按照现代天文学理论计算，回归年要比恒星年短20分24秒，《大明

历》中提出了每45年11个月退行一度的岁差值，虽然这个值很粗糙，但其首次将岁差引入了历法的功劳却不容忽视。从此以后岁差成为历法计算中不可缺少的内容之一。第二，《大明历》中采用了391年设置144个闰月的新闰法，这一闰法要比19年7闰和600年221闰更为准确和合理。第三，《大明历》中所采用的基本数据都比较准确。如首次采用的交点月数值为27.21223日，与今测值27.21222日只差十万分之一日；近点月数值为27.554688，与今测值27.554550相差十万分之十四日；回归年长度值为365.24281481日，与现在的测量值相差万分之六日；五星会合周期值也比以往历法更为精密。在当时的科技条件下能达到这样的精度是难能可贵的。祖冲之虽然编写了《大明历》，但是遭到朝廷显贵、刘宋孝武帝宠臣戴法兴的激烈反对，到祖冲之离开人世之时，《大明历》也没有颁行。直到梁武帝天监九年

（510年），在祖冲之之子祖暅的再三请求下，经过与实际天象校验后，《大明历》才被予以正式颁行，但这时距《大明历》编成已近五十年了。

3.《大衍历》

《大衍历》是由唐代著名天文学家一行（本名张遂）所撰。唐开元初年一直沿用李淳风的《麟德历》，这种历法沿用了近五十年后，在许多方面都出现了较大的误差，几次预报的日食都不准确。唐开元九年（721年），玄宗帝命精通数理天文的一行主持修订新历法。为编制历法，一行等着手进行了大量的准备工作。首先为准确地测定日、月、五星在各自轨道上的位置，一行与梁令瓒合作设计制造了黄道游仪。这架仪器是当时最为先进的观天仪器，比东汉傅安等制造的黄道铜候仪要精密得多，人们可以用这架仪器直接测量日、月、五星的位置，减少了计算误差。其次一行等人还对多颗恒星的位

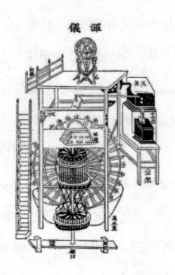

置进行了重测，同时还描绘了大量的星图作为记录，在星图的画法上也有所创新。同时在全国十三个地点设立观测站，用以测量北极出地高度，冬夏至、春秋分日影的长度，所测的结果都为新历的编制奠定了坚实的基础。

《大衍历》是一部比较成熟的历法，被后人誉为唐历之冠。在中国古历中有关测算日、月、五星各种周期的天文常数，计算日、月、五星运行的方法，以及利用这些常数和方法推算天体运动并将天体运动的规律汇编成表格，这一系列的方法都是至《大衍历》时才发展完备、慢慢

成形的。一行将《大衍历》分为"历议"和"历术"两大部分,不像前代历法那样内容较为混乱。"历议"为讲述历法的基本理论,"历术"则讲述具体的计算方法。根据计算的内容不同将"历术"分为"步中朔"等七篇:即"步中朔",计算节气和朔望的平均时间;"步发敛",计算七十二候;"步日躔",计算太阳的运动和位置;"步月离",计算月亮的运动和位置;"步晷漏",计算晷影的变化和昼夜时刻的变化;"步交会",计算日、月食的周期;"步五星",计算水、金、火、土、木五大行星的运动及其位置。

4.《十二气历》和《天历》

　　《十二气历》是北宋科学家沈括在《梦溪笔谈》中提出的一部具有革命性的历法。我国古代一直沿用阴阳合历，历中规定一年十二个月与春、夏、秋、冬四季相配，每季三个月，如果遇到闰月，则这个季为四个月；同时将立春、立夏、立秋、立冬作为四季的开始。但是这两种规定中存在矛盾，虽用闰月加以调节，但节气和月份的关系并不完全固定，于是沈括提出一套完全按节气来制定的历法——《十二气历》。

　　《十二气历》将一年分为十二气，每年分为四季，每季分孟、仲、季三个月，

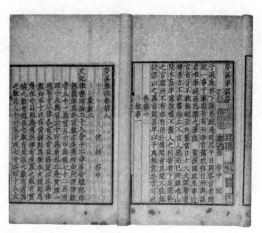

月份按照节气来规定，立春之日为元旦，即孟春（正月初一），惊蛰为仲春（二月初一），依此类推。大月31天，小月30天，大小月相间，虽有时有"两小相并"的情况，但是一年也不过一次，有"两小相并"的年为365天，没有"两小相并"的年为366天。因月亮的月相变化与季节无关，只需在历书上注明"朔""望"作为参考就行了，例如孟春小，一日壬寅，三日望，十九日朔的写法。《十二气历》既能与天象很好地配合，又利于农事生产活动，安排得十分科学。但阴阳历在我国行用了几千年，沈括的《十二气历》从根本上抛弃了阴阳合历，必然要遭到一些顽固势力的反对。因此《十二气历》提出后并没有被颁行，但他坚信"异时必有用予之说者"。目前世界各国通用的公历采用的都是纯阳历，这也证实了沈括的科学预言。

《天历》是太平天国革命运动时期提出的，在中国历法编纂史上占据独特的位置。《天历》在颁布之初就明确提出它的指导思想是"便民耕种，农时为正"。它与800年前沈括提出的《十二气历》均采用纯阳历。

《天历》于咸丰元年（1851年）颁行，

只行用了14年，它规定一年为366日，分为12个月，单月31日，双月30日，大小月相间，不设闰月，不计朔望，每月月初为节气，月中为中气，立春之日为元旦，而且《天历》中还沿用了古代历法中较为科学的干支纪年、纪月、纪日法。

5.《授时历》

《授时历》是元代著名天文学家王恂、郭守敬等人编纂的，至元十八年（1281年）起颁行。而且明代施行的《大明历》实际上也是《授时历》，只不过是修改了历元，变更了体例，因此我们说《授时历》前后共施行了364年。《授时历》是中国历史上行用最久、最为精良的一部历法。

元朝初年还沿用金朝的《大明历》，但是该历法行用多年后，误差渐渐变大，本该出现日、月食的日子里却没有出现日、月食的现象时有发生。元朝灭了南宋，统一了中国后，元世祖忽必烈就下令成立太史局，编纂新历法。太子赞善王恂精通算学，负责历算，郭守敬负责仪器的制造和测量。他们以实测为基础，围绕着制历进行了一场空前规模的天文活动。

郭守敬等认为"历之本在于测验，而

测验之器莫先仪表"，就是说治历的根本在于运用精良的仪器进行实际观测。郭守敬亲自研制了近二十种天文仪器，其中包括简仪、仰仪、景符等一些独具新意，既实用又简便的仪器，这些仪器的制造水平在世界上都堪称一流，郭守敬也被称为"中国的第谷"。同时郭守敬等还发起了中国历史上空前规模的天文大地测量工作，南起南海，北至北海，在南北长一万一千里，东西绵延六千余里的广阔地带建立了二十七个观测站，用以准确测定

历法中的基本天文常数，如冬至时刻、黄赤交角（黄赤交角就是黄道平面与赤道平面的交角）、二十八宿距度等等。除了亲自研制天文仪器，从事实际观测获取第一手实测数据外，郭守敬、王恂等还仔细研究了自汉以来四十多家历法，一一分析它们的利弊，取其精华，去其糟粕，历经三年半的时间完成了这部里程碑式的新历法。该历法由元世祖忽必烈取自《尚书·尧典》中"敬授民时"一语，亲自将其命名为"授时历"，可见元朝对这部历法是相当重视的。在此之后不长的一段时间里，王恂去世，留下了大批有待整理和汇集的原始资料，而历法的文字和数表也还没有定稿，这个重任就落在了郭守敬一人的肩上。又用了约四年的时间，郭守

敬潜心编纂了有关《授时历》的五部著
作：即《推步》七卷、《立成》二卷、《历
议拟稿》三卷、《转神选择》一卷、《上中
下三历注式》十二卷，在之后的时间里他
又将有关天文仪器的结构、观测记录的
数据和方法等分别整理为九本专著，存
于元代司天台内。郭守敬等在编纂《授时
历》的过程中，还创立了招差法和弧矢割
圆法这两种先进的数学方法，这对我国
宋元时代数学的发展亦起到了很大的推
动作用。

　　可以说，《授时历》是中国历法史中
最为优秀的一部历法。

五、杰出的古代天文学家

天文的发展、历法的制定都离不开天文学家的努力和创新。下面简要介绍一些前面涉及的天文学家。

（一）祖冲之

祖冲之，南北朝刘宋元嘉六年（429年）生于建康（今南京），卒于南齐永元二年（500年），是中国南北朝时期杰出的

数学家和天文学家。其祖父掌管土木建筑，父亲学识渊博。祖冲之从小接受家传的科学知识，青年时进入华林学省，从事学术活动。他"专攻数术，搜炼古今"，对刘歆、张衡、郑玄、刘徽等人的学术成果作了认真的研究。

祖冲之的学术成就是多方面的。在天文学方面，33岁时他创制了《大明历》，首次将岁差改正引入了历法，是中国历法史上的一次重大改革。他在《大明历》中采用了391年中有144个闰月的新闰周，打破了19年7闰的旧历法，使新历更为精密。他还研究了圭表日影长度的变化规律，发明了利用冬至日前后若干天影长对称的关系推算冬至日时刻的新方法，这个方法为后世长期采用。《大明历》中使用的回归年、交点月和五大行星会合周期等数据大多相当精确。他的数学著作《缀术》曾作为唐代国子监的数学教科书流行于世，他在世界数学史上第一次将圆周率（π）值计算到小数点后七位，

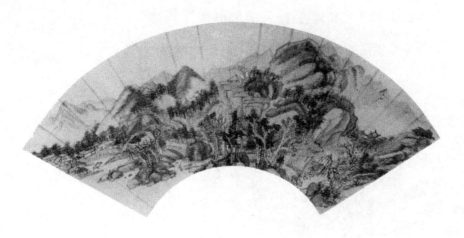

即3.1415926—3.1415927之间。他提出约率22／7和密率355／113，这一密率值是世界上最早提出的，比欧洲早一千多年。在机械方面他曾设计制造了水碓磨、铜制机件传动的指南车和能日行百里的千里船。他在音乐、哲学和文学方面亦有很深的造诣。

（二）一行

一行，原名张遂。魏州昌乐（今河南南乐）人。生于唐弘道元年（683年），卒于玄宗开元十五年（727年）。是中国唐代著名的天文学家和佛教高僧。其曾祖是唐太宗李世民的功臣张公谨。

　　张遂青年时博览经史，尤其是历象和阴阳五行之学，以学识渊博闻名于长安。他不愿与武则天侄子武三思为伍，剃度为僧，取名一行。先后在嵩山、天台山学习佛教经典和天文数学，曾先后翻译过多种印度佛经。

　　在实际测验的基础上，一行从开元十三年（725年）起，历经两年编成了《大衍历》初稿二十卷。此时一行逝世，赐谥号"大慧禅师"。在《大衍历》中，一行基本正确地掌握了太阳周年视运动不均匀的规律，并在数学上发明了不等间距二次差内插法，对太阳视运动的不均匀性加以改正，还以定气为基准编算了太阳运动表。

（三）沈括

沈括，字存中，钱塘（今杭州）人。生于宋仁宗天圣九年（1031年），卒于宋哲宗绍圣二年（1095年）。是北宋时期著名的科学家，同时还是一位杰出的政治家，曾积极参与了王安石的变法运动。

沈括出身士大夫家庭，自幼勤学好问，对天文、地理等有着浓厚的兴趣。少年时代他随做泉州州官的父亲在福建泉州居住多年，当时的一些见闻，均收入《梦溪笔谈》。33岁考中进士，被任命做扬州司理参军，掌管刑讼审讯。三年后，被推荐到京师昭文馆编校书籍。在这里他开始研究天文历算。之后他兼任提举司天监，执掌观测天象，推算历书。接着，沈括又担任了史馆检讨，因职务上的便利条件，他有机会读到了更多的皇家藏书，充实了自己的学识。在天文学方面，沈括也取得了很大成就，他制造了

我国古代观测天文的主要仪器——浑天仪、表示太阳影子的景表等。沈括根据二十四节气制定了一种名为"十二气历"的历法，它不同于中国传统的阴阳合历，而是一种纯阳历。传统的农事一直是按节气安排的，故"十二气历"简单明了，在农业上运用起来也比较方便。它是中国历法史上一次革命性的创新。在物理学方面，他发现地磁偏角的存在，比欧洲早了四百多年；记录了指南针原理及制作方法；还阐述了凹面镜成像的原理；对共振等规律也有研究。在数学方面，他创立了隙积术（二阶等差级数的求和法）、会圆术（求弓形的弦和弧长的方法）。在地质学方面，他对冲积平原的形成、水的侵蚀作用等都有研究，并首先提出了石油的命名。医学方面也有多部医学著作。晚年以平生见闻，在镇江梦溪园撰写了笔记体巨著《梦溪笔谈》，这部著作详细记载了我国古代劳动人民在科学技术方面的卓

越贡献和他自己的研究成果，反映了我国古代特别是北宋时期自然科学的辉煌成就。《梦溪笔谈》不仅是我国古代的学术瑰宝，而且在世界文化史上也有重要的地位，被誉为"中国科学史上的坐标"。

（四）郭守敬

郭守敬，字若思，顺德邢台（今河北

邢台）人。生于元太宗三年（1231年），卒于元仁宗延祐三年（1316年），是中国元代杰出的天文学家、水利专家和仪器制造家。他承祖父郭荣家学，攻研天文、算学、水利。少年时，郭守敬便能根据北宋燕肃的莲花漏图，将这一计时仪器的原理讲得十分清楚；还曾用竹篾扎浑天仪，积土为台，用来观测恒星。后来郭守敬师从刘秉忠。刘秉忠是当时著名学者，精通天文、数学、地理等学问。

郭守敬和王恂、许衡等人，共同编制出我国古代最先进、施行最久的历法《授时历》。为了修历郭守敬设计和监制了多种新仪器：简仪、高表、候极仪、浑天象、玲珑仪、仰仪、立运仪、证理仪、景符、窥几、日月食仪以及星晷定时仪。这些仪器在当时是处于世界先进水平的。在编纂的过程中，郭守敬还创立了招差法和弧矢割圆法这两种先进的数学方法。

为纪念郭守敬的功绩，人们将月球背面的一环形山命名为"郭守敬环形山"，将小行星2012命名为"郭守敬小行星"。